Armin Täubner

WENN ES HERBST WIRD...

Fensterbilder aus (Regenbogen-) Tonkarton

frechverlag

Von Armin Täubner gibt's im frechverlag viele weitere tolle Ideen:

TOPP 2305

TOPP 2306

TOPP 2334

TOPP 2091

5008

TOPP 2195

Fotos: frechverlag GmbH + Co. Druck KG, 70499 Stuttgart;
Fotostudio Täubner

Dieses Buch enthält:
2 Vorlagenbogen

Auflage: 5. 4. 3. 2. 1. | Letzte Zahlen
Jahr: 2002 2001 2000 1999 98 | maßgebend

frechverlag GmbH + Co. Druck KG, 70499 Stuttgart

ISBN 3-7724-2338-8 · Best.-Nr. 2338
Druck: frechverlag GmbH + Co. Druck KG, 70499 Stuttgart

WENN ES HERBST WIRD...

...werden die Tage stürmisch, die Blätter bunt, und die Natur bereitet sich auf den Winterschlaf vor. Die Igel suchen ein Winterversteck, Eichhörnchen sammeln Bucheckern, Nüsse und Eicheln, der Hund Struppi sucht ein trockenes Plätzchen, das Mäuschen testet die Pilze und die Amseln lassen sich die reifen Trauben schmecken.

Der Herbst ist auch die Zeit des Drachensteigens und des Laternelaufens.

Viele schöne herbstliche Motive sind in diesem Buch versammelt.
Mit Tonkarton und farbenprächtigem Regenbogentonkarton können auch Sie den Herbst an Ihren Fenstern einfangen.

SCHRITT-FÜR-SCHRITT-ANLEITUNG

1. Übertragen Sie alle Motivteile ohne Überschneidungen auf Transparentpapier. Das Transparentpapier wird auf einen dünnen Karton geklebt.

2. Schneiden Sie die Teile mit einer Schere oder einem Cutter aus. Das sind Ihre Schablonen.

3. Legen Sie die Schablonen auf den Tonkarton in den gewünschten Farben. Die Umrisse werden mit einem Bleistift nachgezogen.

4. Nun werden die Teile exakt ausgeschnitten.

5. Zum Schluß werden die ausgeschnittenen Teile zusammengeklebt. Klebepunkte aus dem Fachhandel in verschiedenen Farben und Größen ersparen Ihnen viel Arbeit. Die Gesichter werden mit einem feinen, schwarzen Filzstift oder einem Tuschefüller aufgemalt. Wollen Sie weiße Lichtflecken in die Augen setzen, verwenden Sie Lackfarbe.

Damit Vorder- und Rückseite gleich sind, werden die meisten Teile doppelt ausgeschnitten und in derselben Reihenfolge wie auf der Vorderseite, jedoch spiegelverkehrt, aufgeklebt.

IGEL IM HERBSTLAUB

Motivhöhe ca. 13 cm

Kleben Sie den hellbraunen Kopf auf den schwarzen Rumpf. Auge und Nase sind Klebepunkte (8 und 12 mm ø), sie können aber auch, wie der Mund, mit Filzstift aufgemalt werden.
Bekleben Sie den stacheligen Gesellen mit buntem Herbstlaub.

KORB MIT PILZEN

Motivhöhe ca. 19 cm (Korb)

Sobald Sie die Pilzstiele an den Hüten festgeklebt haben, können Sie mit dem Füllen des Korbes beginnen, indem Sie die Pilze am Korb fixieren.
Die Pilze, die im Korb keinen Platz mehr finden, kleben Sie auf das Grasbüschel.

WO FLIEGST DU HIN?

Motivhöhe ca. 17 cm (Hund)

Legen Sie zuerst Struppi das Halsband an. Anschließend wird das Ohr angeklebt. Das Auge besteht aus zwei Klebepunkten (8 und 12 mm ø). Die Nase kann entweder aufgemalt oder ausgeschnitten und aufgeklebt werden.
Wie der Drachen gearbeitet wird, können Sie auf Seite 9 nachlesen.

Bunte Drachen im Herbstwind

Motivhöhe ca. 22 cm

Bei den Drachen werden zuerst die Augen aufgeklebt (Klebepunkte 8 und 12 mm ø) und dann die Gesichter aufgemalt. Anschließend bringen Sie Augenbrauen und Haarbüschel an. Für die Schwänze vom roten und orangefarbenen Drachen wird mehrfach der kleinere Schweif oder Drachenschwanz (gestrichelte Linie) zugeschnitten. Der Schwanz des gelben Drachens besteht aus einem kleinen (gestrichelte Linie) und zwei großen Teilen (durchgezogene Linie).

BEIM VOGELBEEREN-SCHMAUS

Motivhöhe ca. 10 cm (Amsel)

Bei den Amseln werden zuerst die gelben Schnäbel und Füße angeklebt.
Die anschließend angebrachten Flügel verdecken dabei teilweise den oberen Teil der Füße. Die Augen sind gelbe Klebepunkte (8 mm ø), auf die mit einem Filzstift jeweils ein schwarzer Punkt gemalt wird.
Jedes Blatt besteht aus einem Stielteil (durchgezogene Linie), auf das fünf kleine Blattpaare (gestrichelte Linie) geklebt werden.
Der orangerote Fruchtstand wird zusätzlich mit kleinen, gleichfarbigen Punkten beklebt.
Sie können die Amseln auf einem 50 cm x 2 cm großen Tonkartonstreifen befestigen.

VOGELSCHEUCHE THEOBALD

Motivhöhe ca. 40 cm

Am blauen Kittel werden von hinten die Holzarme und das Holzbein befestigt. Von vorne bringen Sie die bunten Stoffflicken samt Halstuch an. Auf das Halstuch kleben Sie den Kopf samt Hut und Feder.
Nun werden mit einem schwarzen Filzstift Gesicht und Nähte aufgemalt.
Kleben Sie dann die Vogelscheuche mit dem Holzbein auf das Grasbüschel.

VOGELSCHEUCHE FRIDOLIN

Motivhöhe ca. 34 cm

Am roten Kittel werden von hinten die Holzarme sowie die Hose samt Holzbeinen befestigt. Nun können Sie die Kleidungsstücke mit bunten Flicken verzieren. Auf dem Kopf werden die Strohhaare und der Hut angebracht. Das Gesicht und die Nähte werden mit einem schwarzen Filzstift aufgemalt. Nun können sich noch die unerschrockenen Vögelchen auf Fridolin niederlassen.

UNTERM KASTANIENBAUM

Motivhöhe ca. 15 cm

Schneiden Sie die Blätter und Kastanien aus.
Malen Sie dann mit einem feinen, schwarzen Filzstift die Stacheln und Nähte auf die Kastanienschalen.

BUNTES HERBSTLAUB

Motivhöhe ca. 8-16 cm

Schneiden Sie so viel buntes Laub aus, wie Sie zum Schmücken Ihrer Fenster brauchen.
Die Blätter können Sie auch zur Ergänzung anderer Fensterbilder-Motive verwenden.

DER NÄCHSTE WINTER KOMMT BESTIMMT

Motivhöhe ca. 25 cm

Am Eichhörnchenkopf werden Ohr und Klebepunktaugen (8 und 12 mm ø) angebracht. Nüsse und Bucheckern werden mit einem feinen, schwarzen Filzstift bemalt, und die grünen und braunen Eicheln erhalten aufgeklebte Hütchen.
Nun kann das Eichhörnchen mit dem Einsammeln der Wintervorräte beginnen.
Vielleicht gesellt sich auch ein zweites dazu und hilft ihm dabei.

OBSTKORB

Motivhöhe ca. 20 cm

Korb und Obststiele werden aus braunem Tonkarton, die Früchte aus Regenbogentonkarton ausgeschnitten.

Amseln bei der Traubenlese

Motivhöhe ca. 14 cm

Befestigen Sie am Amselkopf den gelben Schnabel und das Klebepunktauge (8 mm ø). Mit einem Filzstift wird noch ein schwarzer Punkt auf das Auge gemalt.
Die Weintrauben und die Blätter werden aus Regenbogentonkarton ausgeschnitten.
Es gibt verschiedene Möglichkeiten, die Teile zu arrangieren (vgl. Abbildung).

Schmeckt dieser Pilz?

Motivhöhe ca. 20 cm

Zuerst werden die Pilzhüte auf die -stiele geklebt. Die beiden Pilze befestigen Sie nun zusammen mit den Blättern auf dem Moospolster.
Der graue Mäuserumpf wird von hinten am großen Pilzhut angeklebt.

Malen Sie Augen und Nase auf den Mäusekopf, und kleben Sie ihn an den Pilzhut.

HERBSTREGEN

Motivhöhe ca. 20 cm

Legen Sie Struppi das blaue Halsband an, bevor Sie sein Ohr ankleben.
Das Auge ist ein schwarzer Klebepunkt (8 mm ø), es kann aber auch, wie die Nase, aufgemalt werden.

Kleben Sie den schwarzen Stock zwischen die beiden Schirmteile.
Nun kann Struppi unter dem Schirm Platz nehmen.

EIN GEMÜTLICHES PLÄTZCHEN

Motivhöhe ca. 30 cm

Ist die Katze ausgeschnitten, werden die Klebepunktaugen (12 mm ø) angebracht. Das Katzengesicht zeichnen Sie am besten leicht mit Bleistift vor und ziehen dann die Linien mit einem feinen, schwarzen Filzstift nach.
Setzen Sie die Katze auf den Korb.
Am Korbrand wird nun von vorne und von hinten das Obst befestigt.
Zum Schluß kleben Sie das Ganze auf die Grünfläche. Auf die Katzenaugen können Sie mit einem weißen Lackstift noch Lichtreflexe auftupfen.

RÜBEN- UND KÜRBISGEISTER

Motivhöhe ca. 20-30 cm

Malen Sie mit einem feinen, schwarzen Filzstift die Linie auf, die Kopf und Deckel des Kürbisses bzw. der Rübe trennt. Das Gesicht können Sie ebenfalls aufmalen, oder Sie schneiden die Einzelteile aus und kleben sie auf. Der grüne Stiel (Kürbis) bzw. die Blattstielreste (Rübe) werden von hinten angeklebt. Ordnen Sie die Rüben und Kürbisgeister auf den Holzpflöcken und auf der Grasfläche an.

SAFTIGE LECKERBISSEN

Motivhöhe ca. 18 cm

Bis auf die Klebepunktaugen (8 und 12 mm ø) werden sämtliche Teile aus Regenbogentonkarton ausgeschnitten.

FRISCH GEPFLÜCKTES OBST

Motivhöhe ca. 10 cm

Das Obst gestalten Sie wie auf Seite 18 beschrieben.

UNTERM PILZSCHIRM

Motivhöhe ca. 21 cm

Kleben Sie den weißen Pilzstiel von hinten an den roten Hut.
Nun kann der graue Mäuserumpf samt Schwanz von hinten am Pilzstiel befestigt werden. Der Kopf mit dem aufgemalten Gesicht wird mit den beiden Vorderpfoten von vorne am Pilzstiel angebracht.
Verzieren Sie den Pilzhut mit weißen Klebepunkten (12 mm ø).
Zum Schluß wird der Pilz samt Maus auf das Grasbüschel geklebt.

HALLO! HIER BIN ICH!

Motivhöhe ca. 21 cm

Das Gesicht auf dem Kürbis können Sie aufmalen oder ausschneiden und aufkleben. Der Kürbisdeckel bekommt von hinten einen Stiel.

Auf das braune Schnauzenteil (gestrichelte Linie) kleben Sie die schwarze Nase.

Die Zunge wird von hinten angebracht.

Nun kann das Schnauzenteil am Kopf befestigt werden.

Die Augen sind Klebepunkte (8 und 12 mm ø).

Kleben Sie den Hund von hinten an den oberen Kürbisrand. Abschließend werden noch die beiden Pfoten angebracht.

Was krabbelt denn da im Herbstlaub?

Motivhöhe ca. 27 cm (Blatt)

Kleben Sie das schwarze Beinteil von hinten an den roten Rumpf (vgl. Seite 5). Der ebenfalls schwarze Kopf wird von oben am Rumpf befestigt.
Die Augen und die Punkte auf den Flügeln sind schwarze und weiße Klebepunkte (8, 12 und 18 mm ø).
Der halbmondförmige Mund aus rotem Tonkarton wird zum Schluß aufgeklebt.
Die Käfer können nun nach Herzenslust im bunten Herbstlaub herumkrabbeln.

LATERNE, LATERNE ...

Motivhöhe ca. 16 cm

Beim Herstellen der Laternen sollten Sie Zirkel und Lineal verwenden.
Die eckigen Laternen werden am oberen und unteren Rand mit schmalen Kartonstreifen beklebt.

Verzieren Sie die Laternen mit ganzen bzw. halbierten Klebepunkten (8 und 12 mm ø) oder ausgeschnittenen Sternen. Die Laternen werden an zwei schmalen Kartonstreifen aufgehängt, die entweder jeweils an einem Laternenstab oder an breiten

Kartonstreifen (Format: 50 cm x 2 cm) befestigt werden. Sie können eine richtige Laternenparade an Ihrem Fenster gestalten!

EINE KLEINE STÄRKUNG

Motivhöhe ca. 21 cm

Beginnen Sie mit dem Ankleben der zweiteiligen Hasenohren.
Die Augen sind zwei Klebepunkte (8 und 12 mm ø). Nun setzen Sie das Häschen auf den dunkelbraunen Waldboden und ordnen noch die Pilze und das Herbstlaub an.